小資男的
必比登之旅

童榮地｜著

序

　　米其林指南是美食的象徵，不過一般人所想像的米其林餐廳多是「米其林星級（Michelin Star）」餐廳，例如三星的頤宮、二星的 RAW 與一星的明福台菜海產等，價格自然也跟星星一樣，看起來很近，其實很遙遠。除了星級餐廳外，米其林指南還包含「米其林入選餐廳（MICHELIN Guide Selected）」與「必比登推介（Bib Gourmand）」。

　　如果說，星級餐廳是鼓勵廚師盡量不需考慮食材費用，盡力追求絕對美味。必比登推介就是希望廚師在一定的預算範圍下，追求相對美味。畢竟，能負擔星級餐廳價位的人還是不多，身為全球最權威的美食指南，豈能不顧及普羅大眾的心情呢！

　　自 1955 年起，「必比登推介」以米其林寶寶舔嘴唇為標誌，推薦高性價比的餐廳，在一個固定價格內，例如歐洲城市是 36 歐元、美國城市是 40 美金、香港是 400 港幣、東京是 5,000 日圓、台北是 1,000 台幣，能夠吃到不含飲料的三道美味料理。

　　「米其林餐盤（Michelin the Plate）」，首見於 2016 年的《法國米其林指南》，代表雖然還不是星級餐廳，但食材新鮮且用心準備的優質餐廳，值得推薦。後來米其林餐

盤於 2022 年被取消，這些還沒有好吃到可以摘星，也沒有符合必比登推介標準的餐廳，就被歸類為「米其林入選餐廳」。因此，偶而會出現入選餐廳的價位比星級餐廳還貴，或者是比必比登推介還便宜的情況。

食物的美味與否非常主觀，即使星級餐廳要價不菲，仍有不少人認為不夠可口，更遑論必比登推介在價格的限制下，對於獲獎的餐廳是否實至名歸更是眾說紛紜。此外，米其林指南終究是西方的產物，必比登推介套用在台灣，也因地制宜作了些調整。許多夜市小吃像臭豆腐與滷味就占了不少家，牛肉麵更是大宗，這些就比較難用 1,000 元三道菜來評比，偶而會有像 HUGH dessert dining 這種套餐要價 1,500 元的餐廳，但卻放在必比登推介裡。

看到必比登推介的標誌，就可以安心消費，不會像星級餐廳一樣，一頓餐費就讓人痛徹心扉，在絕大多數的情況下，一張小朋友就能解決。至於料理是否真的令人垂涎欲滴，在米其林指南的威名下，九成不會踩雷，但也不要有過多的期待，終究一分錢一分貨。

台灣有數十萬餐飲相關店家，能夠登上米其林指南的不過數百家，說是千中選一甚至萬中選一都不為過。米其林指南上的店家，幾乎都是揚名數十年的在地老店，口味早已經過多方認證，米其林指南只不過是錦上添花，讓其名聲登上國際舞台而已。盛名之下無虛士，美食愛好者或是精打細算的吃貨，絕對不能錯過這些餐廳。

銅板價也能吃到米其林，這件事本身就夠物超所值，每一家必比登推介的餐廳，不管評價好壞，只要時間允

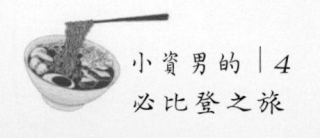

許，都值得去品嘗一次。本書盡量不作味道上的主觀評論，只作綜合的評分與簡短心得分享，收錄台北市曾經得過必比登推介的店家，並分享幾道經典菜色，讓大家在不知道要吃什麼時，可以不用再去查網路，而是隨手一翻，看到順眼的料理或餐廳，就照上面的地址前往，省掉燒腦與爭吵的時間，輕鬆解決一餐。當然還是建議先打通電話，確定當日有沒有營業，才不會白跑一趟。

　　台灣料理種類繁多，必比登推介更是包含了許多街頭小吃，本書簡單分為牛肉麵、台式餐廳、點心類、素食、異國料理、特色料理與夜市小吃，方便讀者按圖索驥。即使是必比登推介的餐廳，也有熄燈的可能，像我家小廚房、想想廚房、湘帝御膳食堂等……，已經沒有機會品嘗到主廚的手藝。為了避免憾事再次發生，拿起本書，今天的午餐或晚餐，就先用幾個銅板來吃頓米其林吧！

目 錄

Chapter 2 台式餐廳

Chapter 3 點心類

Chapter 4 素食

Chapter 5 異國料理

Chapter 6 特色料理

Chapter 7 夜市小吃

Chapter 1
牛肉麵

1.永康牛肉麵

推介年份：2018／2019／2020／2021／2022
地址：台北市大安區金山南路二段 31 巷 17 號
電話：02-23511051

心得：5 分★★★★★
體驗跟一堆外國人一起吃牛肉麵的好地方，滿
滿出國感

2.廖家牛肉麵

推介年份：2018／2019
地址：台北市大安區金華街 98 號
電話：02-23517065

心得：3 分 ★★★
營業時間不長，要及早來排隊，附近的榕錦時
光是拍和服照的好地方

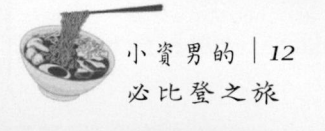

3.采宏牛肉麵（原建宏牛肉麵）

推介年份：2018
地址：台北市萬華區西寧南路 27 號
電話：02-23712747

心得：2 分★★
少數 24 小時營業的牛肉麵，夜貓子的好去處

4.林東芳牛肉麵

推介年份：2018
地址：台北市中山區八德路二段 322 號
電話：02-27522556

心得：3 分★★★
裝潢到位，適合對用餐環境比較苛求的朋友去
品味

5.劉山東牛肉麵

推介年份：2018／2019
地址：台北市中正區開封街一段 14 巷 2 號
電話：02-23113581

心得：4 分★★★★
台北車站旁，等車空檔時可以一嚐

6.牛店精燉牛肉麵

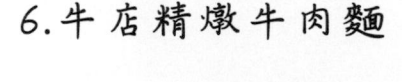

推介年份：2018／2019／2020
地址：台北市萬華區昆明街 91 號
電話：02-23895577

心得：4 分★★★★
神秘大門後方是五星級飯店等級的中西合併
料理

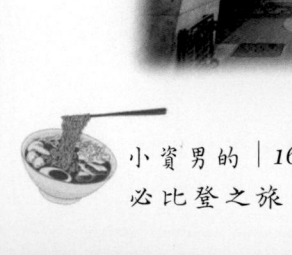

7.清真中國牛肉麵食館（大安）

推介年份：2018／2019／2020／2021／2022／2023
地址：台北市大安區延吉街 137 巷 7 弄 1 號
電話：02-27214771

心得：3 分★★★
經台北清真寺認證，選用台灣溫體牛之牛肉麵

8.老山東牛肉家常麵店

推介年份：2018／2019／2020／2021／2022／2023
地址：台北市萬華區西寧南路 70 號 B1 之 15 室
電話：02-23891216

> 心得：3 分 ★★★
> 跟西門町萬年大樓一樣歷史悠久，是許多人的
> 共同回憶

9.天下三絕

推介年份：2019／2020／2021／2022／2023
地址：台北市大安區仁愛路四段 27 巷 3 號
電話：02-27416299

心得：4 分★★★★
餐酒愛好者不妨來試試牛肉麵搭配紅酒的組
合

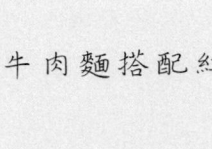

10.紅燒牛肉麵牛雜湯

推介年份：2019／2020／2021
地址： 台北市松山區饒河街（饒河街觀光夜市）
電話：無

心得：3 分★★★
夜市牛肉麵的首選，在人群中吃東西就是熱鬧

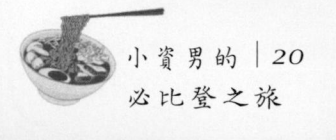

Chapter 2
台式餐廳

11.茂園

推介年份：2018／2019／2020／2021／2022／2023
地址：台北市中山區長安東路二段 185 號
電話：02-27528587

心得：4 分 ★★★★
三代 50 年台菜承傳，聚餐好所在

12. My 灶

推介年份：2018／2019／2020／2021／2022
地址：台北市中山區松江路 100 巷 9-1 號
電話：02-25222697

心得：3 分★★★
民國初年的懷舊裝潢，濃濃在家吃飯的氛圍

13.美麗餐廳

推介年份：2018／2019／2020
地址： 台北市中山區農安街 261 號
電話：0988302222

心得：4 分★★★★
師承米其林一星「明福台菜海產」，可彌補吃
不到明福的遺憾

14.雙月食品（青島東路）

推介年份：2018／2019／2020／2021／2022／2023
地址：台北市中正區青島東路 6 之 2 號
電話：02-33938953

心得：4 分 ★★★
物美價不貴的養生湯品，只需小排一下隊

15.女娘的店

推介年份：2019／2020／2021／2022／2023
地址：台北市士林區天母東路 97 號
電話：02-28741981

心得：4 分 ★★★★
傳統三合院古厝，阿嬤回憶湧心頭

16.欣葉小聚（南港）

推介年份：2019／2020／2021／2022／2023
地址：台北市南港區經貿二路 166 號 A 棟 中國信託金融
　　　園區 1 樓
電話：02-27851819

心得：3 分★★★
適合 2 至 4 人年輕世代聚餐的台菜好選項

17.義興樓

推介年份：2019
地址：台北市文山區景文街121號
電話：02-29313966

心得：3分★★★
日據時代老店，景美百年台菜地標

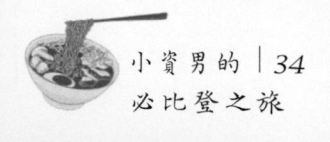

18.金賞軒

推介年份：2021／2022／2023
地址：台北市松山區敦化北路 155 巷 111 號
電話：02-87706086

心得：4 分 ★ ★ ★ ★
附有轉盤的大餐桌，米其林認可的高級熱炒店

19.小酌之家

推介年份：2023
地址：台北市中山區吉林路 420 號
電話：02-25988067

心得：3 分 ★★★
菜色不多但道道經典，適合不想為點菜煩惱的
人

20.隱食家

推介年份：2021／2022／2023
地址：台北市中山區雙城街 28 巷 8 號
電話：02-25958055

心得：4 分 ★★★
台菜新星，裝潢乾淨俐落，配合餐酒，適合年輕族群聚餐

Chapter 3

點心類

21.阜杭豆漿

推介年份：2018／2019／2020／2021／2022
地址：台北市中正區忠孝東路一段 108 號 2 樓
電話：02-23922175

心得：5 分★★★★★
排隊人潮可以繞大廈一圈的頂級早餐

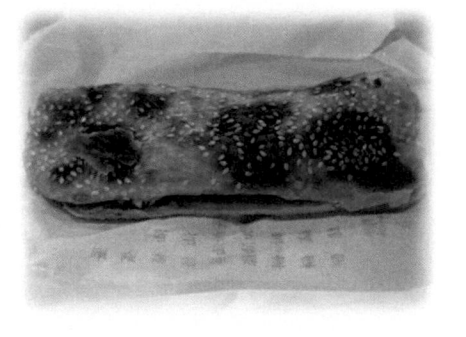

22.杭州小籠湯包（大安）

推介年份：2018／2019／2020／2021／2022／2023
地址：台北市大安區杭州南路二段 19 號
電話：02-23931757

心得：3 分 ★★★
想吃小籠包卻不想排鼎泰豐的優質選擇

23. HUGH dessert dining

推介年份：2023
地址：台北市大同區重慶北路三段 136 巷 56 號
電話：02-25980223

心得：5 分★★★★★
星星等級的必比登點心，可惜不好訂到位

Chapter 4

素食

24.小小樹食（大安路）

推介年份：2022／2023
地址：台北市大安區大安路一段116巷17號
電話：02-27782277

心得：5分★★★★★
即便是最挑剔的素食愛好者也能找到喜歡的
料理

25.祥和蔬食（中正）

推介年份：2018／2019／2020／2021／2022／2023
地址：台北市中正區鎮江街 1 巷 1 號
電話：02-23570377

心得：4 分 ★ ★ ★ ★
川式料理手法的美觀素菜，不吃素的人也能接
受的美味

26.季風

推介年份：2023
地址：台北市士林區文林路 126 號 3 樓
電話：0921991423

> 心得：3 分 ★★★
> 客家風格素食與令人驚艷的戶外庭院造景

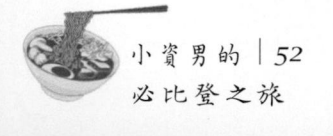

Chapter 5

異國料理

27.番紅花印度美饌

推介年份：2019／2020／2021／2022／2023
地址：台北市士林區天母東路 38 之 6 號
電話：02-28714842

心得：3 分★★★
菜色多元且忠實呈現傳統印度料理之美

28.泰姬

推介年份：2020／2021／2022／2023
地址：台北市大安區市民大道四段 48 巷 1 號
電話：02-87730175

心得：4 分 ★★★★
充滿異國風情的用餐環境，料理是注重食物香
氣的北印度菜系

29.盤石坊

推介年份：2021／2022／2023
地址：台北市大安區樂利路 15 號
電話：02-27325048

心得：5 分★★★★★
印尼駐台使節愛店，台北最頂正宗印尼料理

Chapter 6

特色料理

30.彭家園

推介年份：2018／2019／2020／2021／2022／2023
地址：台北市大安區東豐街 60 號
電話：02-27045152

心得：3 分 ★★★
吃口味不吃裝潢的老牌粵菜餐廳

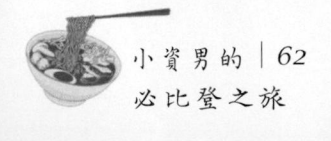

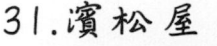

31.濱松屋

推介年份：2018
地址： 台北市中山區林森北路 119 巷 12 號
電話：02-25675705

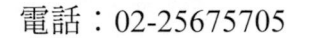

心得：4 分 ★ ★ ★ ★
台灣最高等級的現殺鰻魚，老饕一生必訪

32.鼎泰豐（信義路）

推介年份：2018／2019／2020／2021／2022／2023
地址：台北市大安區信義路二段 277 號
電話：02-23952395

心得：5 分★★★★★
世界級的知名度，只有排隊太久，沒有好不好
吃的問題

33.點水樓（南京店）

推介年份：2018／2019／2020／2021／2022
地址：台北市松山區南京東路四段 61 號
電話：02-87126689

心得：3 分★★★
吃完一桌的江浙菜與點心後，剛好去小巨蛋聽
場演唱會

34.宋廚菜館

推介年份：2018／2019／2020／2021／2022
地址：台北市信義區忠孝東路五段 15 巷 14 號
電話：02-27644788

心得：4 分★★★★
北宋廚南龍都，源自陶然亭的北京烤鴨名店

35. 一號糧倉

推介年份：2018／2019
地址：台北市松山區八德路二段 346 巷 3 弄 2 號
電話：02-27751689

心得：3 分 ★ ★ ★
日治時期戰備糧倉改建而成的創意料理餐廳

36.醉楓園小館

推介年份：2018／2019／2020／2021／2022／2023
地址：台北市松山區八德路三段 8 巷 5 號
電話：02-25779528

心得：3 分 ★★★
與彭家園師出同門的老字號粵菜餐廳，性價比
高不踩雷

37.北平陶然亭

推介年份：2018／2019／2020／2021／2022
地址：台北市中山區復興北路 86 號 2 樓
電話：02-27787805

心得：4 分★★★★
老字號的北京烤鴨名店，遵循傳統炭火掛爐烤鴨是其特色

38.好公道金雞園（大安）

推介年份：2018／2019／2020／2021／2022／2023
地址：台北市大安區永康街 28-1 號
電話：02-23416980

心得：2 分★★
平價版鼎泰豐，沒時間排鼎泰豐時的好選擇

39.阿城鵝肉（中山）

推介年份：2019／2020／2021／2022／2023
地址：台北市中山區吉林路 105 號
電話：02-25415238

心得：4 分★★★★
台北最強鵝肉絕非浪得虛名，煙燻鵝肉尤為美
味

40.都一處（信義）

推介年份：2019／2020／2021／2022／2023
地址：台北市信義區仁愛路四段 506 號
電話：02-27206417

心得：5 分★★★★★
以北方菜與京菜為代表，是老布希都曾用餐過
的數十年老店

41.四川吳抄手（信義店）

推介年份：2019／2020／2021
地址：台北市信義區松仁路 58 號 4 樓（遠百信義 A13）
電話：02-87862426

心得：2 分 ★★
歷史悠久的川菜餐廳，吃辣的人絕不可錯過

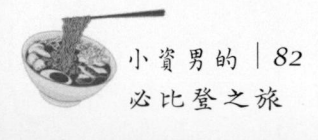

42. 人和園

推介年份：2019／2020／2021／2022／2023
地址：台北市中山區中山北路二段 112 號 2 樓
電話：02-25364459

心得：3 分 ★★★
一甲子的老字號，台北最具代表性的雲南料理
餐廳

43.賣麵炎仔

推介年份：2019／2020／2021／2022／2023
地址：台北市大同區安西街 106 號
電話：02-25577087

心得：4 分 ★ ★ ★ ★
乾麵加燒肉一百元有找，性價比突破天際

44.阿國切仔麵

推介年份：2019／2020／2021／2022／2023
地址：台北市中山區天祥路 1 號
電話：02-25310009

心得：3 分★★★
台北三大切仔麵之一，小菜選擇多，特製鹹甜
辣醬配麵恰到好處

45.榮榮園

推介年份：2019／2020／2021／2022／2023
地址：台北市大安區信義路四段 25 號 2 樓
電話：02-27038822

心得：3 分 ★ ★ ★
超過半世紀的正宗江浙功夫菜，政商名流的愛
店

46.一甲子餐飲

推介年份：2020／2021／2022／2023
地址：台北市萬華區康定路 79 號
電話：02-23115241

心得：2 分★★
坐在十字路口旁吃著焢肉飯，別有一番風味

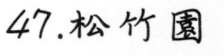

47.松竹園

推介年份：2021／2022／2023
地址：台北市士林區永公路 546 號
電話：02-28616261

> 心得：3 分 ★★★
> 食材天然與雞隻自養，是陽明山上的土雞城第
> 一名牌

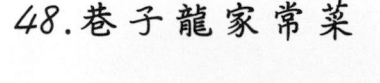

48.巷子龍家常菜

推介年份：2021／2022／2023
地址：台北市大安區四維路 25 號
電話：02-23254566

心得：3 分★★★
主打江浙菜與湖南菜，宮保雞丁全台灣最美味

49.雞家莊（長春路）

推介年份：2022／2023
地址：台北市中山區長春路 55 號
電話：02-25815954

心得：3 分★★★
以雞肉料理聞名，復古台式裝潢，是家族聚會
的好選擇

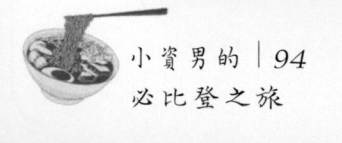

50.川畝園

推介年份：2022／2023
地址：台北市大同區承德路二段 1 巷 31 號
電話：02-25563800

心得：2 分 ★★
北方麵食、捲餅與小籠湯包等現點現作，平價
卻有好口感

51.元味料理

推介年份：2022／2023
地址：台北市大同區華陰街 227 巷 2 號
電話：02-25590721

心得：5 分★★★★★
台北炒飯的天花板，幾乎只有熟客才能訂到位

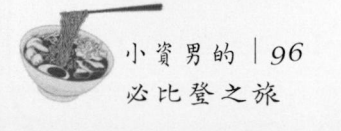

Chapter 7
夜市小吃

52.阿男麻油雞

推介年份：2019
地址：台北市中正區中華路二段 311 巷 34 號（南機場夜
　　　市）
電話：0955572506

心得：4 分 ★ ★ ★ ★
送貨員想起媽媽麻油雞的滋味，轉行成為台北
最夯的麻油雞

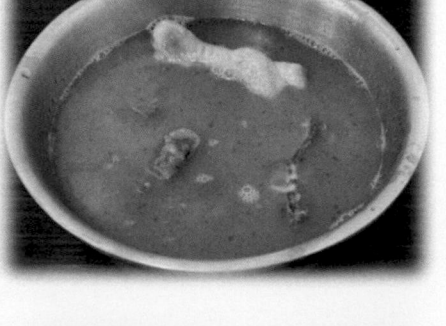

53.臭老闆現蒸臭豆腐

推介年份：2018／2019／2020／2021
地址：台北市中正區中華路二段 313 巷 6 號（南機場夜
　　　市）
電話：02-23052078

心得：2 分 ★★
現點現蒸，不含蛋奶，多種辣度可選，適合愛
吃辣的素食朋友

54.吾旺再季（原松青潤餅）

推介年份：2019／2020／2021／2022／2023
地址：台北市中正區中華路二段313巷29號1樓（南機場
　　　夜市）
電話：0930406677

心得：2分★★
潤餅當天自製，10 種以上配料，每日限量，
排隊趁早

55.無名推車燒餅

推介年份：2019／2020／2021／2022／2023
地址：台北市中正區中華路二段 311 巷 74 號攤　（南機場夜市）
電話：無

心得：2 分 ★★
4 款口味的燒餅，均一價 15 元，銅板價也能吃到米其林

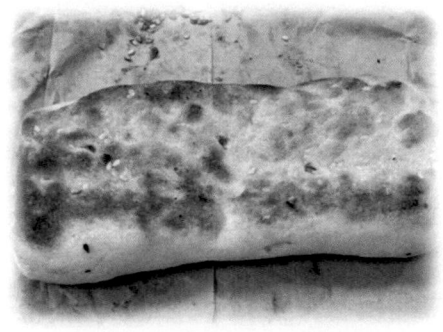

56. 陳董藥燉排骨

推介年份：2018／2019／2020／2021／2022
地址：台北市松山區饒河街 160 號（饒河街夜市）
電話：0910901933

心得：3 分 ★★★
十幾種中藥材細火慢燉，冬天逛夜市補身體剛
剛好

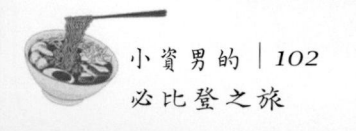

57.福州世祖胡椒餅

推介年份：2018／2019
地址：台北市松山區饒河街 249 號前（饒河街夜市）
電話：0958126223

心得：3 分 ★★★
外國人最愛美食之一，在攤位上現桿、現包、
現烤，皮薄香脆

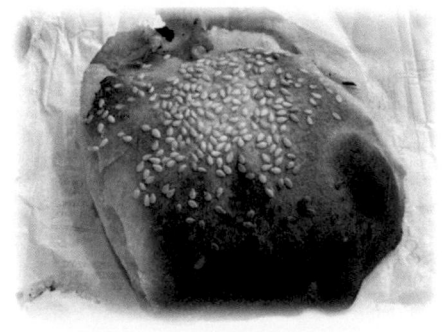

58.施老闆麻辣臭豆腐

推介年份：2018
地址： 台北市松山區饒河街166號（饒河街夜市）
電話：0926770956

心得：2分★★
第一屆必比登推介名單之一，只靠臭豆腐與鴨
血就擄獲吃貨的胃

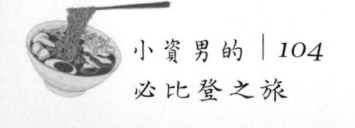

59.阿國滷味

推介年份：2019／2020／2021／2022／2023
地址：台北市松山區八德路四段 759 號（饒河街夜市）
電話：02-89818517

心得：2 分★★
超過 20 種的順口冷滷味，吃完後記得去對面
的慈祐宮拜拜

60.梁記滷味

推介年份：2018／2019／2020／2021／2022
地址：台北市大安區通化街 39 巷 50 弄 33 號（臨江街夜
　　　市）
電話：02-27385052

心得：4 分 ★★★★
有「臨江第一攤」的美譽，色澤光亮，香料味
美，口味稍重

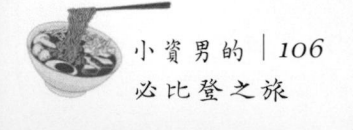

61.駱記小炒

推介年份：2018／2019／2020／2021／2022
地址：台北市大安區通化街 39 巷 50 弄 27 號（臨江街夜
　　　市）
電話：02-27081027

心得：3 分 ★★★
百元熱炒名店，菜色簡單卻道道必吃

62.雅口天香臭豆腐

推介年份：2019
地址：台北市大安區臨江街 19-1 號（臨江街夜市）
電話：02-27040289

心得：4 分 ★ ★ ★ ★
臭豆腐炸至金黃色，搭配專屬泡菜，香氣十
足，口口入味

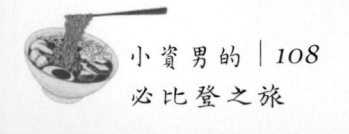

63.御品元冰火湯圓

推介年份：2019／2020／2021／2022
地址：台北市大安區通化街 39 巷 50 弄 31 號（臨江街夜
　　　市）
電話：0955861816

心得：3 分 ★★★
熱呼呼的湯圓包進到冰內，淋上桂花蜜，直上
冰火九重天

64.海友十全排骨

推介年份：2018／2019／2020／2021／2022
地址：台北市士林區大東路49號（士林夜市）
電話：02-28881959

心得：將苦澀湯頭改良成甘甜口味，就成了十全十美，猶如喝了十全大補湯

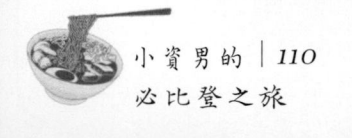

65.好朋友涼麵

推介年份：2019／2020／2021／2022／2023
地址：台北市士林區大南路 31 號（士林夜市）
電話：02-28811197

心得：3 分 ★ ★ ★
只賣涼麵與味噌湯，麻醬配上檸檬汁，洋溢著
南洋風味

66.鍾家原上海生煎包

推介年份：2019／2020／2021／2022／2023
地址：台北市士林區小東街 38 號（士林夜市）
電話：02-88612713

心得：2 分 ★★
現包現煎，口味鮮美，因為一直搬家，所以強調是「原」上海生煎包

67.昶鴻麵點

推介年份：2020／2021／2022／2023
地址：台北市萬華區華西街15號171號攤（華西街夜市）
電話：0982187604

心得：3分★★★
70年老店，食材賣完就收攤，道道地地的傳
統小吃麵攤

68. 源芳刈包

推介年份：2020／2021／2022／2023
地址：台北市萬華區華西街 17-2 號（華西街夜市）
電話：02-23810249

心得：4 分 ★ ★ ★ ★
三層肉卻不顯油膩，加上花生粉、酸菜，令人
口水直流

69.小王煮瓜

推介年份：2019／2020／2021／2022／2023
地址：台北市萬華區華西街17之4號攤位153號（華西街
　　　夜市）
電話：02-23707118

心得：5分★★★★★
以黑金魯肉飯與清湯瓜仔肉聞名，是台北魯肉
飯的絕對王者

70.劉芋仔

推介年份：2018／2019／2020／2021／2022
地址：台北市大同區寧夏路 091 攤位（寧夏夜市）
電話：0920091595

心得：4 分 ★ ★ ★ ★
只有香酥芋丸與蛋黃芋餅二種選擇，是芋頭控
的最愛

71.豬肝榮仔

推介年份：2018／2019／2020／2021／2022
地址：台北市大同區寧夏路 010 攤位（寧夏夜市）
電話：0932007229

心得：3 分★★★
豬肝清脆不會過老且沒有腥味，是台北豬肝界
的頂點

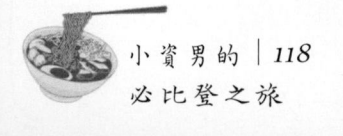

72.方家雞肉飯

推介年份：2019／2020／2021／2022
地址：台北市大同區寧夏路 060 攤位（寧夏夜市）
電話：02-37000008

心得：3 分 ★★★
鮮嫩雞肉絲配上油蔥、雞油與特製醬汁，成就
了雞肉飯王者

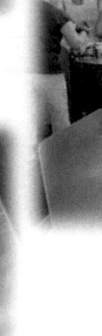

73.高麗菜飯原汁排骨湯

推介年份：2019／2020／2021／2022／2023
地址：台北市大同區延平北路三段17巷2號（延三夜市）
電話：0983646688

心得：3分★★★
肉多味美的排骨配上清淡爽口的高麗菜飯，加湯不用錢

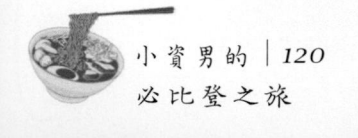

74.大橋頭老牌筒仔米糕

推介年份：2019／2020／2021／2022／2023
地址：台北市大同區延平北路三段 41 號（延三夜市）
電話：02-25944685

心得：5 分 ★★★★★
米糕採用圓糯米，可選肥肉或瘦肉，淋上醬料
後，令人食慾大開

75.施家鮮肉湯圓

推介年份：2019／2020／2021／2022／2023
地址：台北市大同區延平北路三段 58 號（延三夜市）
電話：02-25857655

心得：3 分 ★★★
客家風味的鮮肉鹹湯圓外皮 Q 彈，內餡鮮香，
來延三夜市必嚐

76.雄記蔥抓餅

推介年份：2019／2020／2021／2022／2023
地址：台北市中正區羅斯福路四段 108 巷 2 號
　　　（公館夜市）
電話：0932948003

心得：4 分 ★★★★
蔥抓餅全餐份量十足，加上獨門生辣椒醬，是
台大學生的愛店

77.藍家割包

推介年份：2019／2020／2021
地址：台北市中正區羅斯福路三段 316 巷 8 弄 3 號
　　　（公館夜市）
電話：02-23682060

心得：3 分 ★★★
割包可以選擇肥肉或瘦肉，焢肉呈肉絲狀，小
孩與長者更好入口

國家圖書館出版品預行編目資料

小資男的必比登之旅／童榮地 著.－初版.－臺中市：
白象文化事業有限公司，2024.06
　　面；　公分

ISBN978-626-364-330-7（平裝）

1.CST: 餐飲業　2.CST: 餐廳　3.CST: 臺北市

483.8　　　　　　　　　　　　　113004858

小資男的必比登之旅

作　　　者　童榮地
校　　　對　童榮地
發 行 人　張輝潭
出版發行　白象文化事業有限公司
　　　　　412台中市大里區科技路1號8樓之2（台中軟體園區）
　　　　　出版專線：（04）2496-5995　　傳眞：（04）2496-9901
　　　　　401台中市東區和平街228巷44號（經銷部）
　　　　　購書專線：（04）2220-8589　　傳眞：（04）2220-8505
專案主編　李婕
出版編印　林榮威、陳逸儒、黃麗穎、水邊、陳婷婷、李婕、林金郎
設計創意　張禮南、何佳誼
經紀企劃　張輝潭、徐錦淳、林尉儒
經銷推廣　李莉吟、莊博亞、劉育姍、林政泓
行銷宣傳　黃姿虹、沈若瑜
營運管理　曾千熏、羅禎琳
印　　　刷　百通科技股份有限公司
初版一刷　2024 年 6 月
初版二刷　2024 年 10 月
定　　　價　450 元

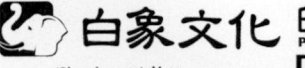